PÉTITION

A S. M. L'EMPEREUR

Accompagnée des Mémoires adressés précédemment
à l'Autorité municipale

PAR LA CHAMBRE SYNDICALE DES ENTREPRENEURS DE VOITURES DE PARIS

RELATIVEMENT

AUX DEUX SYSTÈMES DE COMPTEUR KILOMÉTRIQUE ET HORAIRE

De L. BRUET, Horloger breveté, 7, rue Le Peletier

« En un mot, votre système, c'est le temps de la
« location exprimé en kilomètres à raison de 8 à
« l'heure au moins, et davantage lorsque la vitesse
« de la voiture dépassera ce minimum, ce qui est
« de votre intérêt. »

M. le Bon HAUSSMANN.

(Audience du 26 Août 1868.)

PARIS

IMPRIMERIE POITEVIN

RUE DAMIETTE, 2 ET 4

1868

PÉTITION

A S. M. L'EMPEREUR

Accompagnée des Mémoires adressés précédemment
à l'Autorité municipale

PAR LA CHAMBRE SYNDICALE DES ENTREPRENEURS DE VOITURES DE PARIS

RELATIVEMENT

AUX DEUX SYSTÈMES DE COMPTEUR KILOMÉTRIQUE ET HORAIRE

De L. BRUET, Horloger breveté, 7, rue Le Peletier

« En un mot, votre système, c'est le temps de la
« location exprimé en kilomètres à raison de 8 à
« l'heure au moins, et davantage lorsque la vitesse
« de la voiture dépassera ce minimum, ce qui est
« de votre intérêt. »

M. le Bon HAUSSMANN.

(*Audience du 26 Août 1868.*)

PARIS

IMPRIMERIE POITEVIN

RUE DAMIETTE, 2 ET 4

—

1868

Paris, 8 mai 1868.

A Sa Majesté l'Empereur.

SIRE,

La question des voitures de place de Paris est, depuis trop longtemps, l'objet de la sollicitude du Gouvernement, pour qu'il soit nécessaire de rappeler toutes les tentatives faites sans succès dans le but de relever cette industrie.

Aujourd'hui sa détresse est au comble; c'est la ruine qui menace plus de 1,200 familles, et la liberté des voitures aura été impuissante à conjurer cette catastrophe, si Votre haute intervention ne se manifeste en faveur d'une cause qui est celle de la justice et du bon droit.

Il faut que nous puissions vivre de notre travail, et si le tarif qui nous est imposé protége le public contre des exigences abusives, il doit au moins, dans son application, représenter exactement le service rendu par nous et la rétribution qui nous est due.

Ce resultat, nous osons le dire, n'est nullement atteint par l'arrêté préfectoral du 30 janvier 1868, qui a inauguré un nouveau tarif, basé sur l'emploi de Compteurs kilométriques.

Si cet arrêté n'était pas modifié, notre ruine serait certaine.

Le vice, à notre avis, réside dans le choix exclusif du Compteur qui a été adopté par l'Administration de la Ville de Paris.

Nous avons bien été admis à débattre avec elle les bases de ce tarif; et il était difficile, en effet, qu'on écartât de cet examen la Chambre syndicale qui, seule, avait pris l'initiative pour demander l'application d'un Compteur.

A ce moment, nous avions soumis à l'Administration un Compteur dont le système ingénieux permet de mesurer automatiquement et alternativement, sans l'intervention du cocher ni du voyageur, les kilomètres parcourus, ainsi que le temps du stationnement ou de la marche au pas, au moyen de kilomètres fictifs, en même temps qu'un carton intérieur reproduit fidèlement le travail opéré par la voiture.

Cet appareil, qui, nous ne saurions trop le répéter, fonctionne sans l'intervention de personne, pendant tout le temps de la location de la voiture, est le seul système des Compteurs jusqu'ici connus, qui puisse servir de base à un tarif à la fois juste pour le voyageur et rémunérateur pour le propriétaire de la voiture, en même temps qu'il donne le plus simple et le plus sûr des contrôles.

Il semblait destiné à moraliser notre industrie et à résoudre ainsi une question aussi importante pour l'ordre public que pour nos intérêts privés.

Il fait naître chez le loueur l'intérêt d'avoir un bon équipage, puisque c'est, désormais, dans une vitesse progressive que celui-ci doit trouver les bénéfices de sa profession; sa rémunération devant être proportionnelle au nombre de kilomètres parcourus, dans un espace de temps le plus restreint possible.

Ce Compteur a été expérimenté pendant près de deux ans, et il a reçu l'approbation de tous les hommes compétents et désintéressés qui en ont constaté les résultats merveilleux.

Néanmoins, et contre toute attente, c'est un autre Compteur, patronné par M. Ducoux, qui a été adopté par l'Administration municipale : Compteur inventé il y a cinq ans, et distancé aujourd'hui par des appareils perfectionnés.

Les conséquences de cette option par la Ville de Paris sont telles, qu'elles mettent en péril notre industrie et l'avenir du système kilométrique, et qu'elles nous obligent à avoir recours à Votre Majesté.

Une enquête plus approfondie peut seule conjurer ce danger. Deux mots vont vous en faire saisir la nature et la portée.

Le système adopté par la Ville, tout en reposant sur le principe du tarif kilométrique, ne tire pas de ce principe, dans l'application qu'il en fait, tous les résultats qu'il peut produire.

Le but de tout Compteur appliqué aux voitures est, en effet, à la fois d'empêcher la fraude ou l'erreur de la part du cocher, et de servir de base à la rémunération du propriétaire de la voiture, laquelle doit, aussi exactement que possible, correspondre au service rendu par lui au public.

Ce double but n'est nullement atteint par le Compteur de l'Administration :

1° Parce qu'il exige plusieurs manipulations pendant le temps de la location ;

2° Parce que le cocher ayant à sa disposition le mécanisme, pourra, suivant son intérêt, faire ou ne pas faire la manœuvre, ce qui amènera infailliblement des contestations et des difficultés avec le voyageur, et ce qui mettra également le loueur à la discrétion du cocher ;

3° Parce que l'ordonnance du 30 janvier 1868 qui adopte ce Compteur exige qu'il marque exactement les kilomètres parcourus et base le tarif sur le nombre de kilomètres, sans tenir compte des difficultés ou empêchements de marche que l'on rencontre dans Paris et qui proviennent soit des encombrements, soit des déclivités de terrain, soit de l'obligation de suivre, au Bois ou dans les autres promenades publiques, de longues files de voitures.

Votre Majesté comprendra facilement, Sire, que les obstacles ne permettant pas de marcher avec une vitesse supérieure à 4 ou 5 kilomètres à l'heure, la voiture ne produit dans ce cas au loueur que 1 fr. ou 1 fr. 25 c. l'heure, rétribution assurément insuffisante.

Ce dernier inconvénient a été, il est vrai, prévu, et le Compteur de l'Administration y obvie, mais en partie seulement et dans une bien faible mesure.

En effet, on laisse à la disposition du cocher une manipulation qui lui permet de changer la marche du Compteur pour lui faire marquer un minimum de 8 kilomètres pendant le temps de marche au pas, sur la volonté du voyageur seulement.

Or, il est certain que le voyageur, qui a intérêt à payer le moins possible et qui paierait un supplément en faisant cette demande, se gardera bien de l'adresser au cocher, et qu'il s'opposerait même à cette manœuvre, si le cocher la proposait, puisque l'ordonnance lui en laisse le droit. De là, des contestations sans nombre.

Ajoutons qu'une nouvelle manipulation serait nécessaire quand, après avoir été au pas, le voyageur demanderait à aller vite, c'est-à-dire à dépasser la vitesse minimum de 8 kilomètres à l'heure, et dans ce cas, s'il négligeait de la faire, les conséquences retomberaient sur le loueur qui perdrait la plus-value à laquelle lui donnerait droit l'augmentation de vitesse.

On voit les dangers et les graves inconvénients d'un pareil système dont nous n'avons pu indiquer ici qu'une partie.

Au contraire le système que nous proposons n'a aucun des inconvénients que nous venons de signaler; avec lui en effet :

1° Plus de manipulations du cocher, ni de personne; une fois la voiture louée, il marche automatiquement et indique un minimum de kilomètres, à raison de huit à l'heure, pour les temps d'arrêt comme pour les temps de marche au pas, indiquant en outre les kilomètres exactement parcourus, alors que la vitesse a dépassé ce minimum.

Le minimum de huit kilomètres nous étant accordé pour les temps de repos, comment comprendre qu'il nous soit refusé, étant au pas, marche souvent pénible et indépendante de notre volonté?

Les conséquences à tirer de ce parallèle entre les deux systèmes de Compteurs ne peuvent être douteuses; il est certain que c'est le nouveau système perfectionné qui doit être préféré à un premier essai qui remonte à cinq années.

Au surplus, que demandons-nous, en faisant appel à la haute intervention de Votre Majesté? Un monopole? Non. Un nouvel arrêté aussi exclusif que le premier et n'admettant au poinçonnage de la ville que le système du Compteur proposé par nous? Non.

Ce que nous voulons faire consacrer, c'est la liberté du choix par les loueurs et par le public entre les systèmes de Compteurs qui seront conformes au programme suivant :

« Le temps de la location de la voiture sera exprimé en kilo-

« mètres à raison de huit à l'heure pour les temps de marche au pas, « comme pour les temps d'arrêt, et indiquera le chemin réellement « parcouru, lorsque la vitesse dépassera ce minimum, et cela, sans « aucune intervention du cocher. »

Les loueurs et le public auront alors à choisir entre le système qui nécessite encore l'intervention, la manipulation du cocher, et le système tout à fait complet qui la supprime entièrement.

Ils ne seront plus obligés d'accepter, ainsi que l'arrêté du 30 janvier leur en fait une nécessité, un Compteur qu'ils savent défectueux.

Liberté du choix du Compteur dans les limites tracées plus haut voilà ce qu'ils demandent. C'est le complément indispensable de la liberté des voitures !

Serons-nous entendus, Sire, lorsque après tant d'épreuves, nous venons défendre, en nous adressant à Votre Majesté, notre patrimoine menacé, notre travail, notre pain?

Nous n'en doutons pas, nous rappelant avec reconnaissance qu'une fois déjà, nous avons dû à Votre toute-puissante intervention le redressement de griefs qui n'avaient pu jusqu'alors être écoutés.

C'est donc avec confiance que nous Vous demandons, Sire :

1° De faire contrôler nos allégations par une enquête sérieuse et par la mise à l'étude du système que nous soumettons à Votre haut examen ;

2° D'ordonner, si, après cet examen et ce contrôle, la justice de notre cause Vous est démontrée, qu'un arrêté préfectoral nous permette l'application de notre système, et Vous ferez ainsi œuvre de justice et d'intérêt public.

Dans cet espoir, Sire, et dans l'intention d'éclairer le jugement que nous sollicitons de Votre haute équité, nous prions humblement Votre Majesté, de nous admettre en audience (1) pour lui démontrer les deux systèmes de Compteurs, et Votre justice prononcera.

Nous sommes avec le plus profond respect, Sire

de Votre Majesté,

les très-humbles, très-fidèles et très-dévoués sujets,

POUR LA CHAMBRE SYNDICALE ET LES LOUEURS DE VOITURES DE PARIS :

Le Président,

CEZARD.

Les Vice-Présidents,

LEMONNIER. PAUL.

DANGEARD. ROUCHEZ. VILLARS. DENIZE. STUMPF.

Le Secrétaire,

HAGUET.

Pour attestation de la signature de cinq cent trois entrepreneurs de voitures, réunissant environ 2,500 voitures, en dehors de la Compagnie Générale et dont les noms sont à la suite de la pétition.

Le Président,

CEZARD.

Le Secrétaire,

HAGUET.

---

(1) Cette audience a été accordée le 20 mai à MM. Cezard, président; Paul, vice-président; Haguet, secrétaire; Rouchez et Stumpf, membres de la Chambre syndicale, qui, accompagnés de M. L. Bruet, l'inventeur, ont eu l'honneur de présenter à l'examen de S. M. l'Empereur, les deux systèmes de Compteurs dont il s'agit.

Paris, 2 juillet 1868.

Sire,

Les membres de la Chambre syndicale des Loueurs de voitures de Paris, interprètes des sentiments de tous, sont heureux de pouvoir vous assurer de leur reconnaissance pour la bienveillance avec laquelle vous avez entendu leurs réclamations dans l'audience dont vous les avez honorés le mois de mai dernier.

Permettez-leur seulement, Sire, de rappeler à Votre Majesté que les intérêts de leur industrie en souffrance demandent une prompte solution de la question soumise à Votre haut examen.

L'intérêt du public parisien, aussi bien que le leur, est engagé dans le jugement que doit rendre Votre Majesté puisque, d'après leur demande, c'est le public qui, après vous, Sire, doit choisir entre leur système et celui qu'a prescrit l'arrêté municipal, soumis à Votre sagesse.

Leur sera-t-il permis d'ajouter que les loueurs de Paris, en dehors même de la vaste association que représente la Chambre syndicale, ont témoigné, par leur abstention, des vices radicaux qui condamnent le Compteur adopté par la ville.

L'arrêté municipal est du 30 janvier 1868. — Aujourd'hui, 2 juillet, après six mois écoulés, aucun compteur n'a été mis en service par aucun des loueurs de la place de Paris.

C'est la réponse la plus éloquente qu'il soit possible de faire aux défenseurs de l'arrêté du 30 janvier, et c'est la confirmation la plus complète des griefs que nous avons eu l'honneur de vous exposer et pour lesquels nous osons encore vous demander prompte justice.

LES MEMBRES DE LA CHAMBRE SYNDICALE DES ENTREPRENEURS DE VOITURES :

SIRE,

Ont l'honneur d'être,
de Votre Majesté, les très-humbles, très-dévoués et très-fidèles sujets ;

Le Président,
CEZARD.

Le Vice-Président,
PAUL.

Le Secrétaire,
HAGUET.

Paris, 10 Mai 1867.

A Monsieur le Sénateur Préfet de la Seine.

Monsieur le Préfet,

Autant dans l'intérêt public que dans leur intérêt particulier, il n'a pas fallu moins que la gravité des circonstances actuelles pour que les soussignés, membres du Comité, au nom et comme représentants des loueurs de voitures de Paris, en dehors de la Compagnie, aient l'honneur de vous exposer leurs légitimes réclamations.

Par suite des renchérissements successifs de toutes les marchandises qu'ils consomment, surtout des grains et des fourrages, ainsi que de l'élévation des salaires de tous leurs employés, et surtout depuis l'ouverture de l'Exposition, quand on voit que deux ou trois courses faites de l'extrémité et même du centre de Paris, amènent leurs voitures à cet édifice en épuisant les forces d'un cheval pour 4 fr. 50, les tarifs actuels (nous sommes autorisés à le dire), ne sont pas depuis longtemps en rapport avec leurs dépenses.

Non-seulement ils peuvent en puiser les preuves dans leurs situations respectives, mais ils peuvent aussi, dans le dernier Bilan de la Compagnie générale, trouver des chiffres qui prouvent l'éclatante vérité de leurs affirmations.

Sans vouloir rechercher le plus ou moins d'habileté avec laquelle ont été compris les intérêts de cette Compagnie, nous laissons au temps le soin de dire si des raisons particulières ne sont pas cause que nous sommes seuls, en ce moment, à défendre une situation qui pourtant nous est commune.

Cette exploitation, dont la régularité des comptes ne peut être suspectée, présente ce fait anormal que, malgré son capital considérable et un monopole absolu du stationnement de ses voitures pendant dix ans sur la voie publique et dans les gares des Chemins de fer, elle n'est arrivée, après cette période d'exploitation, à donner à ses Actionnaires aucun résultat satisfaisant, et au bout de quelques mois de lutte avec la libre concurrence, annoncer une perte considérable, malgré la faveur qu'on lui accorda en lui rachetant son monopole 360,000 francs pendant quarante-sept années.

Toutefois cette situation qui malheureusement nous est commune, tire sa source de l'insuffisance du tarif des voitures, et après de tels résultats d'une Compagnie privilégiée, l'on ne doit pas s'étonner des nombreux désastres commerciaux dont les loueurs de Paris sont les victimes.

Le maximum du Tarif qui nous a été accordé à la suite du décret de la liberté, n'a pas rempli son but puisqu'il n'atteignait pas le prix de revient des dépenses de nos voitures.

Quoique ayant toutes les apparences d'une augmentation, ces Tarifs se trouvent bien inférieurs à tous ceux qui les ont précédés depuis 1830.

Qui donc peut ignorer que la dépense d'une voiture a presque doublé depuis cette époque, quand on songe qu'il faut aujourd'hui trois chevaux par voiture pour réussir à atteindre une recette très-insuffisante depuis deux ans.

N'est-il pas vrai que dans toutes les industries, les prix de vente sont calculés sur les prix de revient?

Il semblerait alors, Monsieur le Sénateur Préfet, qu'il ne doit jamais en être ainsi dans notre industrie.

C'est qu'en effet, le Conseil municipal, à qui est échue la tâche de confectionner nos Tarifs, n'a jamais cru devoir suffisamment étudier nos réclamations à ce sujet, et tant qu'a duré le monopole, n'a pas paru leur accorder le mérite qu'elles avaient de tirer leur sincérité de la pratique même de leur industrie.

Nous devons constater que la liberté accordée à des industries de première nécessité a produit pour elles la plus grande liberté des Tarifs, et nous ne citerons comme exemple que la Boulangerie et la Boucherie auxquelles même il était réservé un bénéfice sous le régime du monopole, ce qu'on n'a pas fait pour les voitures. N'ont-elles pas le droit aujourd'hui ces deux industries qui touchent aux besoins les plus pressants, de suivre pour leurs Tarifs la progression du prix des achats?

Mais il n'en est pas ainsi de la location des voitures, qui n'est, quoi qu'on en dise, qu'une industrie de luxe et qui, malgré la liberté, ne peut obtenir des tarifs suffisamment rémunérateurs. On n'est pas forcé absolument d'aller en voiture, au contraire, il faut nécessairement aller au boulanger et au boucher.

Un mot pour prouver que nos Tarifs sont insuffisants et disproportionnés.

Avant l'annexion des banlieues, Paris avait environ 6 à 7 kilomètres d'une barrière à l'autre ; la moyenne de la durée des courses était de 15 à 16 minutes.

Entre les anciens murs d'octroi et les fortifications, la course et l'heure étaient confondus et payés 2 fr. 50. Lorsque nos voitures étaient quittées dans ces territoires, un retour égal à la durée du trajet leur était alloué.

En dehors des fortifications, l'heure ou la course 3 fr. 50, et le même prix pour le retour égal à celui payé pour le trajet.

Ces Tarifs étaient assurément plus équitables que ceux d'aujourd'hui, car le Paris de 1867, ayant d'une barrière à l'autre 12 à 14 kilomètres environ, la moyenne des courses est actuellement de 30 à 32 minutes de durée.

Nous avons aussi à nous plaindre des règlements qui accompagnent les tarifs et qui sont sujets à tant d'interprétations contradictoires qu'ils soulèvent bien des difficultés entre le public et nos cochers.

Mais nous avons trouvé, Monsieur le Sénateur Préfet, un remède efficace à la malheureuse situation dans laquelle se débat notre industrie, en faisant appel de notre côté à la mécanique.

Un Compteur kilométrique réduit à sa plus simple expression, que nous avons expérimenté depuis six mois, semble nous donner enfin toutes les satisfactions que l'on est en droit d'attendre d'une pareille invention.

Il substitue à l'heure et à la course actuelles la base kilométrique, et soumet ainsi notre industrie à l'application facile et connue du système métrique, fait d'autant plus important que c'est la seule manière pour que le public puisse équitablement donner son argent pour une marchandise régulièrement calculée et aux loueurs de voitures de l'argent pour leur marchandise.

C'est aussi une triple satisfaction pour le public, pour les loueurs et enfin pour les cochers, qui trouveront dans l'application de cet instrument une rétribution équitable, eux qui avouaient, il n'y a pas longtemps, qu'ils étaient forcés de tirer leur salaire du vol et de l'immoralité.

Le Tarif ci-dessous, dont nous demandons l'homologation pour ce Compteur, est basé sur le minimum imposé aux voitures de huit kilomètres à l'heure, distance qu'elles doivent parcourir. A l'aide d'un signe: libre ou loué, la machine agit ou reste stationnaire et répète sur un carton placé à l'intérieur tout le travail de la voiture. Le cadran extérieur dont elle est pourvue indique aux voyageurs les prix qu'ils ont à payer au cocher et la distance parcourue.

Mais quoique cet instrument nous soit aujourd'hui familier, et que ses bons résultats nous soient suffisamment démontrés, nous ne pouvons en commander pour nos voitures avant que le Tarif suivant ne soit approuvé par le Conseil municipal.

Voici ce Tarif :

DANS PARIS :

VOITURES A 2 PLACES

1 kilomètre . . . . 0fr.75c.
2 kilomètres. 1 25
Et 0 fr. 25 c. par kilomètre suivant.

VOITURES A 4 PLACES

1 kilomètre . . . . 0fr.85 c.
2 kilomètres. 1 40
Et 0 fr. 30 c. par kilomètre suivant.

Comme une aiguille spéciale et indépendante de la première

indique sur le cadran les kilomètres faits à la banlieue, cette même aiguille servira à indiquer les prix supplémentaires à payer pour le dehors comme aussi pour les kilomètres parcourus après minuit.

Voici le Tarif supplémentaire :

Banlieue de Paris et Tarif après minuit, à 15 c. de supplément par kilomètre.

Retour alloué aux voitures quittées dans les communes contiguës aux fortifications . . . . 2 fr.

Retour exceptionnel pour les voitures quittées sur les territoires des communes de Boulogne, Saint-Denis et Vincennes . . . . 3 fr.

Les voitures prises en dehors de Paris seront payées aux prix du Tarif de l'intérieur.

On nous objecte en vain que les Tarifs actuels ne sont pas aussi désavantageux que nous voulons bien le dire, et on en tire la preuve que depuis le nouveau régime le nombre des voitures s'était accru de 3,516 à 5,137.

La réponse à cette objection est bien simple : le décret du 28 mai 1866, en assimilant les voitures de place aux voitures de remise, avait pour but principal de détruire ces dernières et de les forcer à devenir voitures de place en payant la redevance municipale. Tous ceux de nos confrères qui ont pu s'exonérer des charges de leurs locaux se sont empressés de le faire en mettant leurs voitures sur la voie publique.

Voilà la preuve de l'augmentation.

Mais on a omis aussi de dire que les voitures sous remise qui atteignaient, avant la liberté, le chiffre de 2,043 pour les loueurs seulement, ne sont plus qu'au nombre de 800 environ, appartenant à ceux qui parmi nous, liés par des engagements qu'ils avaient contractés, forcés par les règlements administratifs, n'ont pu accepter la redevance municipale de 1 fr. par jour et sont encore assez nombreux.

Quoiqu'on puisse, à bien peu de chose près, fixer la fin de l'Exposition comme dernier délai de l'existence de la voiture sous remise et qu'il faille atteindre cette époque pour avoir fait fabriquer des Compteurs en nombre suffisant, nous avons l'honneur de vous proposer, Monsieur le Sénateur Préfet, pour les voitures de place et les voitures sous remise, les prix suivants, qui, bien entendu, formeront un Tarif qui ne sera que transitoire.

RÉSUMÉ DU TARIF, PROPOSÉ PAR L'UNION DES LOUEURS

VOITURES DE PLACE.

De 1 minute à 20 minutes, pour	2 places.	1 fr.50
— —	4 places.	1 60
De 21 minutes à 30 minutes	2 places.	2 »
— —	4 places.	2 15
De 31 minutes à 60 minutes	2 places.	2 75
— —	4 places.	3 »
Les heures suivantes . . .	2 places.	2 50
— —	4 places.	2 75

Les heures du dehors dans les communes contiguës :

Heure ou course	2 places.	3 »
—	4 places.	3 25
Retour de la voiture libre.		2 »

Pour les deux catégories de voitures on chargera dehors au prix indiqué pour l'endroit où se trouvera le voyageur.

Retours exceptionnels de Boulogne, Vincennes, Saint-Denis. . . . . 3 fr. »

VOITURES SOUS REMISE.

De 1 à 20 minutes, pour	2 places	1 fr. 80
— —	4 places	2 »
De 21 à 30 minutes,	2 places	2 »
— —	4 places	2 25
De 31 à 60 minutes,	2 places	2 75
— —	4 places	3 »
Les heures suivantes. . .	2 places	2 50
— —	4 places	2 75

Pour la banlieue, même tarif que les voitures de place et suivant leur catégorie.

En conséquence, nous prions Monsieur le Sénateur Préfet de la Seine de saisir le Conseil municipal des deux propositions de Tarif que nous avons l'honneur d'exposer ici, et nous pensons que la gravité de notre situation sera un motif suffisant pour en accélérer la décision. Nous ne saurions trop insister sur son incontestable utilité, car un mois encore du régime actuel et Paris présentera le plus piteux coup d'œil au point de vue du service des voitures, le prix des chevaux augmentant dans des proportions inusitées, il faut bien que le Tarif nouveau vienne dédommager les entrepreneurs des frais énormes auxquels ils seront obligés pour pouvoir continuer ce service, si l'on ne veut voir rester les voitures dans les dépôts.

Les soussignés ont l'honneur d'être, de Monsieur le Sénateur Préfet de la Seine, les respectueux et dévoués serviteurs.

MM. CÉZARD, président du Syndicat des Loueurs de Voitures de Paris;
PAUL, vice-président;
LEMONNIER, vice-président;
HAGUET, secrétaire;
STUMPF;
BOUGON;
ROUCHEZ;
VILLARD;
PILPRÉ.

PROJET
DES
LOUEURS

TARIF KILOMÉTRIQUE

NOMBRE DE KILOMÈTRES	INTÉRIEUR DE PARIS — De 6 h. du matin à minuit 30 m. du 1er avril au 30 septembre et de 7 h. du matin à minuit 30 m. du 1er octobre au 31 mars		INTÉRIEUR DE PARIS — De minuit 30 m. à 6 h. du matin du 1er avril au 30 septembre et de minuit 30 m. à 7 h. du matin du 1er octobre au 31 mars		BOIS DE BOULOGNE ET DE VINCENNES et COMMUNES CONTIGUËS A PARIS		INDEMNITÉ DE RETOUR
	VOITURES A 2 ET 3 PLACES	VOITURES A 2 ET 5 PLACES	VOITURES A 2 ET 3 PLACES	VOITURES A 4 ET 5 PLACES	VOITURES A 2 ET 3 PLACES	VOITURES A 4 ET 5 PLACES	VOITURES A 2 ET 3 PLACES A 4 ET 5 PLACES
	25 centimes par kilomètre	30 centimes par kilomètre	40 centimes par kilomètre	45 centimes par kilomètre	40 centimes par kilomètre	45 centimes par kilomètre	
1	» 75	» 85	» 90	1 »	» 90	1 »	
2	1 25	1 40	1 55	1 70	1 55	1 70	
3	1 50	1 70	1 95	2 15	1 95	2 15	Pour les communes contiguës aux fortifications à l'exception de celles qui sont ci-après désignées : 2 fr.
4	1 75	2 »	2 35	2 60	2 35	2 60	
5	2 »	2 30	2 75	3 05	2 75	3 05	
6	2 25	2 60	3 15	3 50	3 15	3 50	
7	2 50	2 90	3 55	3 95	3 55	3 95	
8	2 75	3 20	3 95	4 40	3 95	4 40	
9	3 »	3 50	4 35	4 85	4 35	4 85	
10	3 25	3 80	4 75	5 30	4 75	5 30	
11	3 50	4 10	5 15	5 75	5 15	5 75	Communes de Boulogne, Saint-Denis et Vincennes : 3 fr.
12	3 75	4 40	5 55	6 20	5 55	6 20	
13	4 »	4 70	5 95	6 65	5 93	6 65	
14	4 25	5 »	6 35	7 10	6 35	7 10	
15	4 50	5 30	6 75	7 55	6 75	7 55	
16	4 75	5 60	7 15	8 »	7 15	8 »	
17	5 »	5 90	7 55	8 45	7 55	8 45	
18	5 25	6 20	7 95	8 90	7 95	8 90	
19	5 50	6 50	8 35	9 35	8 35	9 35	
20	5 75	6 80	8 75	9 80	8 75	9 80	
21	6 »	7 10	9 15	10 25	9 15	10 25	
22	6 25	7 40	9 55	10 70	9 55	10 70	
23	6 50	7 70	9 95	11 15	9 95	11 15	
24	6 75	8 »	10 35	11 60	10 35	11 60	

PROJET
de la
COMMISSION MUNICIPALE

TARIF KILOMÉTRIQUE

NOMBRE DE KILOMÈTRES	INTÉRIEUR DE PARIS — De 6 h. du matin à minuit 30 m. du 1er avril au 30 septembre et de 7 h. du matin à minuit 30 m. du 1er octobre au 31 mars				INTÉRIEUR DE PARIS — De minuit 30 m. à 6 h. du matin du 1er avril au 30 septembre et de minuit 30 m. à 7 h. du matin du 1er octobre au 31 mars				BOIS DE BOULOGNE ET DE VINCENNES et COMMUNES CONTIGUËS À PARIS				INDEMNITÉ DE RETOUR
	VOITURES À 2 ET 3 PLACES		VOITURES À 4 ET 5 PLACES		VOITURES À 2 ET 3 PLACES		VOITURES À 4 ET 5 PLACES		VOITURES À 2 ET 3 PLACES		VOITURES À 4 ET 5 PLACES		VOITURES À 2 ET 3 PLACES / À 4 ET 5 PLACES
1	25 centimes par kilomètre	0 75	30 centimes par kilomètre	» 80	30 centimes par kilomètre	1 »	35 centimes par kilomètre	1 75	30 centimes par kilomètre	1 »	35 centimes par kilomètre	1 75	
2		1 »		1 10		1 50		2 »		1 50		2 »	
3		1 25		1 40		1 75		2 25		1 75		2 25	
4		1 50		1 70		2 »		2 50		2 »		2 50	
5	20 centimes par kilomètre	1 70	25 centimes par kilomètre	1 95		2 30		2 85		2 30		2 85	
6		1 90		2 20		2 60		3 20		2 60		3 20	
7		2 10		2 45		2 90		3 55		2 90		3 55	
8		2 30		2 70		3 20		3 90		3 20		3 90	
9		2 50		2 95		3 50		4 25		3 50		4 25	
10		2 70		3 20		3 80		4 60		3 80		4 60	
11		2 90		3 45		4 10		4 95		4 10		4 95	
12		3 10		3 70		4 40		5 30		4 40		5 30	
13		3 30		3 95		4 70		5 65		4 70		5 65	1 50
14		3 50		4 20		5 »		6 »		5 »		6 »	
15		3 70		4 45		5 30		6 35		5 30		6 35	
16		3 90		4 70		5 60		6 70		5 60		6 70	
17		4 10		4 95		5 90		7 05		5 90		7 05	
18		4 30		5 20		6 20		7 40		6 20		7 40	
19		4 50		5 45		6 50		7 75		6 50		7 75	
20		4 70		5 70		6 80		8 10		6 80		8 10	
21		4 90		5 95		7 10		8 45		7 10		8 45	
22		5 10		6 20		7 40		8 90		7 40		8 90	
23		5 30		6 45		7 70		9 25		7 70		9 25	
24		5 50		6 70		8 »		9 60		8 »		9 60	

ANNEXES

Extrait de la Délibération du 19 Juillet 1867.

Le Compteur (kilométrique et horaire) est mis en communication avec un appareil extérieur :

Indiquant d'une manière ostensible que la voiture est louée ou libre ;

Il indiquera d'une manière certaine, par son mécanisme intérieur et *sans aucune intervention du cocher* (1), le temps écoulé pendant que la voiture est au service du voyageur, *la vitesse réelle de la marche*, la distance parcourue et la somme à payer.

La voiture louée étant au repos ou *marchant au pas d'après l'ordre du voyageur*, le Compteur devra marquer un travail de 8 kilomètres à l'heure et *indiquer par un signe ostensible cet état de marche.*

(1) Il n'y a que le Compteur et le système minimum présenté par la Chambre syndicale qui procèdent sans aucune intervention pendant tout le temps de la location.

PRÉFECTURE DU DÉPARTEMENT DE LA SEINE.

Paris, le 25 Octobre 1867.

MONSIEUR,

Le Compteur que vous avez présenté à l'appréciation de l'Administration, vient d'être l'objet d'un premier examen de sa part. Il ressort de cet examen que ce Compteur, bien que horaire et kilométrique, ne répond pas à quelques-unes des conditions exigées par la délibération du Conseil municipal du 19 juillet dernier, dont vous avez pris connaissance; qu'ainsi, *il ne marque les kilomètres réels parcourus que lorsque la vitesse de la marche excède huit kilomètres à l'heure; qu'au-dessous de cette vitesse, et quelle qu'en soit la cause, la volonté du voyageur ou la déclivité de la voie, ou des encombrements qu'on ne peut éviter, ce Compteur marque comme si la voiture parcourait réellement huit kilomètres à l'heure;* qu'enfin, il n'indique pas les prix du Tarif de nuit.

J'ai donc le regret de vous informer qu'il n'y a pas lieu d'admettre votre Compteur à un examen de détail et à des expériences pratiques, afin d'en autoriser l'usage, puisqu'il ne satisfait pas à toutes les conditions exigées par la délibération du Conseil municipal.

Agréez, Monsieur, l'assurance de ma considération distinguée.

Le Sénateur, Préfet de la Seine.

POUR LE PRÉFET ET PAR DÉLÉGATION :

Le Directeur de la Voie Publique et des Promenades,

ALPHAND.

A M. Cézard, Président de la Chambre syndicale des Entrepreneurs de voitures.

Copie d'une Lettre adressée à Monsieur le Sénateur, Préfet de la Seine, le 6 Novembre 1867.

MONSIEUR LE PRÉFET,

La position de plus en plus malheureuse faite aux Entrepreneurs de Voitures de Paris (position qui, sans votre haute autorité, semble devoir se perpétuer), nous force, une fois encore, à recourir à votre haute équité sans laquelle une des plus importantes industries de Paris succombera tout entière, puisqu'à la fin de l'Exposition et depuis le 1er Octobre, plus de 400 voitures déjà ont disparu, quelques-unes par la prévoyance des propriétaires, la plus grande partie par la ruine des entrepreneurs.

Un Compteur kilométrique et horaire pouvait seul sauvegarder les intérêts du public et ceux des Entrepreneurs.

Le 25 mai dernier, nous avions l'honneur d'en présenter un à votre approbation. Votre haute intelligence en saisissait si bien tous les avantages, que vous nous assuriez de votre concours, ce qui nous a été d'une bien grande efficacité.

Le 19 juillet, sur notre demande, *le Conseil municipal votait le principe kilométrique et ses Tarifs*, avec l'intention bien arrêtée que, pour éviter toutes contestations entre le public et les cochers, le Compteur adopté serait le plus simple et marcherait à un minimum de 8 kilomètres à l'heure, suivant une tradition ancienne encore en usage à Paris, et plus encore à Londres, où on assure aux loueurs, un minimum de 4 milles à l'heure : — l'excédant se paie en plus (1).

(1) Voir page 51 le Tarif anglais comparé au Tarif français.

Mais quelle n'a pas été notre surprise en apprenant que l'on voulait donner une interprétation toute contraire à l'esprit de la délibération du Conseil, où il est dit que le Compteur devra marcher sans aucune intervention du cocher autre que celle d'abaisser le signe du manipulateur lorsque le voyageur loue la voiture et le relever quand il la quitte.

Nous avons donc été forcés, Monsieur le Préfet, de nous adresser de nouveau à votre haute.équité; et le 26 août dernier, après l'honneur d'une audience dans laquelle nous avons été admis à vous démontrer les deux systèmes en présence, vous nous disiez de présenter officiellement notre Compteur et que vous le feriez estampiller s'il était exact.

C'était donc le cœur satisfait que nous nous retirions et que nous annoncions à nos collègues qu'enfin justice allait nous être faite.

Mais le lendemain 27, au moment où nous nous disposions à vous adresser une demande officielle, M. Alphand nous annonçait par lettre que très-incessamment on allait admettre notre Compteur à un examen.

M. Cezard reçut, le 15 octobre, l'invitation de se présenter le 18 du même mois ; mais, à notre grande surprise, l'on nous fit connaître des conditions auxquelles nous étions loin de nous attendre et qui sont en dehors de l'esprit de la délibération, de l'avis même de plusieurs des membres du Conseil municipal.

Enfin, le 25 octobre, nous recevions de M. Alphand, notification du rejet de notre Compteur.

Nous sollicitâmes immédiatement une audience de M. le Directeur de la Voie publique, dans laquelle il nous confirma lui-même ce que nous ne pouvions croire, nous donnant pour raison que notre Compteur n'était pas conforme à la délibération du Conseil, et nous objectant que c'était aussi l'avis du *plus grand loueur de Paris* (1), comme si nous pouvions accepter le jugement d'un homme qui, depuis son entrée dans l'industrie des voitures, n'y aura laissé que des souvenirs douloureux, à cause de l'influence, selon nous bien regrettable, qu'il a exercée sur les décisions de l'Autorité et par la ruine de notre industrie, qui, même dans les circonstances actuelles, n'hésite pas à sacrifier l'intérêt de sa Compagnie en se rattachant à un système qui n'est rien moins qu'impraticable.

Pourquoi?.... Nous ne voulons pas le rechercher.

Pour nous résumer, Monsieur le Sénateur Préfet, nous venons de nouveau solliciter de votre extrême bienveillance la faveur d'une audience, si mieux vous n'aimez donner des ordres pour faire estampiller notre Compteur; car, sans votre haute intervention, c'en est fait de cet instrument recherché depuis si longtemps, que le public et les loueurs attendent avec tant d'impatience et qui était enfin trouvé.

Les loueurs ne pouvant rester avec le régime actuel, attendu la cherté excessive des grains et des fourrages, il ne nous resterait plus alors qu'à demander un changement de Tarifs ou voir notre ruine s'accomplir.

En espérant votre haute intervention en notre faveur,

Nous avons bien l'honneur, Monsieur le Sénateur Préfet, de vous prier d'agréer les hommages très-respectueux de vos très-humbles et très-dévoués serviteurs.

POUR LA CHAMBRE SYNDICALE DES ENTREPRENEURS DES VOITURES DE PARIS,

Le Président,

CEZARD.

Le Secrétaire,

HAGUET.

---

(1) M. Ducoux, sans doute.

Paris, le 10 Décembre 1867.

A Messieurs les Conseillers Municipaux de la Ville de Paris.

MESSIEURS,

Avant le vote que vous allez émettre au sujet d'un Compteur kilométrique et horaire, applicable aux Voitures qui marcheront à la distance, la Chambre syndicale des Entrepreneurs de Voitures nous a chargés de vous transmettre les quelques observations suivantes :

Deux systèmes sont en présence :

1° Le Compteur minimum que nous avons présenté n'a besoin que d'une *seule manipulation;* il donne, étant au pas ou dans des pentes rapides, comme dans les encombrements, un minimum de 8 kilomètres à l'heure, ce qui est d'autant plus équitable que cette somme de kilomètres nous a toujours été et nous est encore accordée étant au repos ;

2° Le Compteur *à plusieurs manipulations* qui résume les inconvénients suivants :

Intervention du cocher souvent malgré le voyageur, plus souvent encore à son insu.

Dans les côtes, les files de voitures, les encombrements, on force le loueur à marcher au kilomètre réel, qui ne produirait que 4 à 5 kilomètres par heure, ce qu'il est impossible d'admettre; alors le cocher pour se soustraire à ce travail trop peu rétribué, mettra son manipulateur à 8 kilomètres ou prendra des chemins plus longs pour éviter des encombrements ou des pentes rapides, ce qui fera renaître les contestations entre voyageur et cocher ; l'étranger en sera toujours la victime.

Le premier instrument a l'immense avantage, mécaniquement parlant, d'être plus rustique et sujet à beaucoup moins de dérangements, d'un emploi plus facile, il obvie à toutes réclamations du public, il supprime la fraude des cochers.

Le Conseil adoptant 8 kilomètres à l'heure pour les temps de repos, la Chambre syndicale des Entrepreneurs de Voitures a le droit de s'étonner que ce même nombre de kilomètres ne soit pas admis pour les marches au pas qui sont souvent pénibles.

Pour éviter les objections que l'on fait au minimum de 8 kilomètres à l'heure, ils sont disposés à l'abaisser à 6 kilomètres en changeant le Tarif, ce qui, après mûre réflexion, leur paraît ce qu'il y a de plus équitable.

Enfin, les Entrepreneurs de Voitures qui, sur les 6,800 qui desservent Paris, en possèdent 3,500, ont le plus vif désir de conserver le système minimum et comptent sur la justice éclairée du Conseil municipal pour faire prévaloir un système qui est appliqué à Londres depuis 1835 (1), où on accorde aux loueurs un minimum de 4 milles (2) à l'heure, égalant 6 kil. 436 m., ce qui produit 2 fr. 50 c.

---

(1) *Extrait du Tarif de Londres.* — If the driver is required to drive more than four miles an hour : — for every mile or part of a mile above four miles . . . . 6[d]
Si le cocher est requis de conduire au delà de quatre milles à l'heure : — pour un mille ou partie de mille en plus de quatre milles, 12 sous 1/2.

(2) Le mille anglais est de 1,609 mètres.

Pour nous résumer, dans le cas où le Conseil municipal ne croirait pas devoir accepter le Compteur minimum de 8 kilomètres à l'heure, afin d'éviter les réclamations qui ne manqueront pas de surgir de la part du public et des loueurs, si l'on adoptait le kilomètre réel, nous demandons que l'on abaisse le minimum à 6 kilomètres — ou nous demandons que M. Ducoux soit autorisé à faire l'application du Compteur qu'il patronne, et nous l'application du Compteur minimum; comme le public est toujours le premier juge de ses intérêts, il saura bien choisir et trouver le meilleur.

Espérant que l'on ne voudra pas éterniser cette question pour laquelle nous sommes en instance depuis bientôt un an, la Chambre syndicale compte, Messieurs, sur une prompte et juste décision,

Et a l'honneur de vous prier d'agréer l'hommage de ses sentiments respectueux.

POUR LA CHAMBRE SYNDICALE,

Le Président,
CEZARD.

Le Secrétaire,
HAGUET.

Paris, le 19 Décembre 1867.

A Messieurs les Conseillers Municipaux de la Ville de Paris.

MESSIEURS,

Nous avons l'honneur de vous soumettre le tableau comparatif des deux systèmes de minimum à 8 et à 6 kilomètres à l'heure.

Comme il est de toute équité d'assurer un minimum de kilomètres aux loueurs, et qu'en outre, on ne peut avoir de Compteurs à une seule manipulation sans que les temps d'arrêt et de marche au pas aient le même nombre de kilomètres;

Qu'un minimum à 6 kilomètres éviterait toute espèce d'objections et qu'il donnerait au public l'avantage de ne payer sa voiture, dans les temps d'arrêt comme dans la marche au pas, qu'à raison de 1 fr. 80 c. l'heure, il est bien juste qu'il paie davantage un travail plus dispendieux.

Nous avons l'honneur d'être, avec un profond respect, Messieurs, vos très-humbles et obéissants serviteurs.

POUR LA CHAMBRE SYNDICALE,

Le Secrétaire,
HAGUET.

Le Président.
CEZARD.

TARIF KILOMÉTRIQUE
AVEC UN MINIMUM DE 8 KILOMÈTRES A L'HEURE
adopté par le Conseil Municipal

KIL.	fr.	c.	VOITURES A 2 PLACES
1	0	85	Prenant une moyenne de une 1/2 h. de marche. 4k
2	1	10	Une 1/2 heure d'arrêt. . 4
3	1	35	8k = 2f 60c
4	1	60	
5	1	85	
6	2	10	
7	2	35	
8	2	60	
9	2	85	Prenant une moyenne de une heure de marche. . 8k
10	3	10	Une heure d'arrêt. . . . 8
11	3	35	16k = 4f 60c
12	3	60	
13	3	85	
14	4	10	
15	4	35	
16	4	60	

TARIF KILOMÉTRIQUE
AVEC UN MINIMUM DE 6 KILOMÈTRES A L'HEURE
étudié et présenté par la Chambre syndicale des Entrepreneurs de Voitures

KIL.	fr.	c.	VOITURES A 2 PLACES
1	0	80	Prenant une moyenne de une 1/2 h. de marche. 4k
2	1	10	Une 1/2 heure d'arrêt. . 3
3	1	40	7k = 2f 60c
4	1	70	
5	2	»	
6	2	30	
7	2	60	
8	2	90	Prenant une moyenne de une heure de marche. . 8k
9	3	20	Une heure d'arrêt. . . . 6
10	3	50	14k = 4f 70c
11	3	80	
12	4	10	
13	4	40	
14	4	70	

Paris, 26 Décembre 1867.

A Messieurs les Membres du Conseil Municipal.

MESSIEURS,

Il faut, comme nous, être pénétrés de la profonde misère à laquelle est réduite l'industrie des Voitures de place de Paris, même au lendemain de la grande Exposition, pour oser venir encore une fois, et pour la dernière, tâcher d'éclairer le vote que vous allez émettre au sujet du Compteur kilométrique.

Sans rechercher pourquoi la Chambre syndicale des Loueurs n'a pu obtenir d'être secondée par la Compagnie des Petites Voitures dans ses démarches, nous devons rappeler ici, que c'est sur nos demandes que la base kilométrique a été votée par le Conseil municipal.

Ce n'est qu'après une expérience de plus de dix-huit mois sur l'application, la valeur, et les résultats des deux systèmes, que nous nous sommes arrêtés au Compteur minimum qui nous a servi de base pour les prix du Tarif auquel nous n'avons consenti que parce qu'il *était basé sur un minimum de 8 kilomètres à l'heure.*

Ces prix ne sont pas sans nous laisser une certaine inquiétude à cause de leur infériorité, surtout en les comparant à ceux de Londres, où, sur trois heures de location, il est garanti un minimum de 12 milles, soit 19 kilomètres, produisant 7 fr. 50, tandis qu'à Paris, avec le minimum de 8 kilomètres, 3 heures de location donneraient 24 kilomètres, ne produisant que 6 fr. 60; donc, à Londres, on aurait 5 kilomètres de moins à faire et le loueur recevrait encore 0 fr. 90 de plus.

Quant aux objections qu'on nous fait, que le public payerait quelquefois pour un minimum de 8 kilomètres qui n'aurait pas toujours été parcouru, nous répétons, avec l'expérience qui nous l'a démontré, et nous affirmons que le plus petit trot d'un cheval sur un chemin sans encombrements produit toujours 8 kilomètres à l'heure.

Ceci pouvait être à craindre sous le régime actuel, où il n'y avait aucun contrôle, où le loueur n'avait aucun intérêt à marcher vite puisqu'il ne recevait pas davantage ; mais avec le système que nous proposons c'est tout le contraire qui a lieu.

Il y a encore l'objection pour les 8 kilomètres qu'il n'est pas possible de parcourir dans les cas de force majeure, mais la commission ayant reconnu qu'on ne pouvait nous faire supporter un travail indépendant de notre volonté et qui nous serait onéreux, nous a déclaré que dans ces cas le cocher pourrait toucher au manipulateur pour faire marquer au Compteur 8 kilomètres à l'heure ; mais comme dans ce cas le Compteur ne marquerait jamais que 8 kilomètres, il faudrait pour reprendre la vitesse réelle, que le cocher retouchât encore au manipulateur, ce qui se renouvellerait très-souvent.

Pourquoi donc alors, puisque le Compteur minimum donne ces résultats naturellement et sans aucune intervention ni manipulation du cocher, ce que nous regardons comme un très-grand progrès dans la pratique du Compteur, ne pas l'accepter pour éviter tous ces inconvénients ?

Ne devons-nous pas aussi nous attendre aux mauvaises dispositions des cochers envers cet instrument ? Plus on leur laissera de moyens d'intervenir plus ils en abuseront.

Ensuite, le Compteur à plusieurs manipulations étant plus compliqué comme mécanisme, sera d'un prix plus élevé ; plus sujet à se déranger, il deviendra beaucoup plus dispendieux dans son entretien et dans les pertes de temps qu'il occasionnera aux loueurs.

Ces dérangements deviendront d'autant plus fréquents que le cocher y touchera souvent.

Ce sera, en outre une source de difficultés entre le cocher et le voyageur.

La Chambre syndicale croit que toutes ces difficultés et complications sont de nature à entraîner la chute d'un instrument qu'elle a tant étudié et qui résumait tous les avantages désirables.

Gardez-vous donc, Messieurs, d'être prévenus contre des réclamations dont la justesse est si éclatante, que M. le Sénateur Préfet, prié un jour d'être notre juge dans cette question du minimum, voulut bien nous laisser emporter un témoignage de son jugement éclairé, en adoptant positivement le système auquel nous nous rattachons, malgré les avis contraires qu'on nous oppose ; car nous sommes, avant tout, des hommes pratiques, mieux que nos contradicteurs en position de juger les intérêts d'une industrie aussi compromise que la nôtre, et même, sans prétention, aptes aussi à juger des besoins du public, avec lequel nous sommes constamment en rapport.

Voilà pourquoi nous insistons sur l'application du Compteur minimum, attendu qu'il ne laisse après lui aucune objection, aucune réclamation, aucun embarras administratif ni aucune interprétation contradictoire, et nous avons le ferme espoir que vous vous y rattacherez comme nous.

Daignez agréer, Messieurs, l'hommage de nos salutations respectueuses.

POUR LA CHAMBRE SYNDICALE DES ENTREPRENEURS DE VOITURES,

Le Président,
CÉZARD.

Le Secrétaire,
HAGUET.

DÉLIBÉRATION DU 3 JANVIER 1868.

Article premier. — Les loueurs de voitures marchant au kilomètre devront employer des Compteurs. Chaque modèle devra être agréé et chaque Compteur devra être poinçonné par l'Administration.

Art. 2. — Lesdits loueurs seront tenus de se conformer aux dispositions du Tarif maximum ci-après :

(*Suit le Tarif comme à l'arrêté.*)

Art. 3. — Le temps écoulé durant *le stationnement ou la marche au pas*, dans les conditions déterminées à cet égard par les règlements Administratifs, *sera évalué en kilomètres, à raison de huit au plus par heure.*

Paris, 30 janvier 1868.

TARIF KILOMÉTRIQUE DES VOITURES DE PLACE.

Le Sénateur, Préfet de la Seine, grand'croix de l'Ordre impérial de la Légion d'honneur,

Vu le décret impérial du 10 octobre 1859, qui a placé dans les attributions de la Préfecture de la Seine la détermination du Tarif des voitures publiques;

Vu les délibérations du Conseil municipal, en date des 19 juillet 1867 et 3 janvier 1868;

Vu l'avis de M. le Préfet de Police, en date du 17 août 1867;

Vu le rapport du Directeur de la Voie publique et des promenades, chargé du service des voitures;

Arrête :

Article premier. — Les loueurs de voitures marchant au kilomètre devront l'indiquer par un signe apparent apposé à l'extérieur de leurs voitures.

La forme et les dimensions de ce signe indicateur devront être agréées par l'Administration municipale.

Art. 2. — Les voitures marchant au kilomètre seront munies d'un Compteur horaire et kilométrique.

Les différents modèles de Compteurs devront être soumis à l'approbation de l'Administration municipale, et chaque Compteur sera poinçonné par les agents du service des voitures, après les épreuves nécessaires.

Le poinçon sera apposé sur toutes les parties de la voiture qui se trouveront en rapport avec le Compteur ou qui contribueront à sa marche; aucune de ces parties ne pourra être changée sans un nouveau poinçonnage.

Art. 3. — Le Compteur devra être disposé de manière à indiquer le nombre exact de kilomètres parcourus; toutefois, lorsque la voiture louée sera au repos ou marchera au pas *par la volonté du voyageur*, le Compteur devra marquer un travail fictif de huit kilomètres à l'heure; *cet état de marche sera indiqué par un signe ostensible,* très-visible pour le voyageur; la forme et la dimension de ce signe devront être agréées par l'Administration municipale.

Le nombre de kilomètres réels ou fictifs, mis par le paragraphe précédent à la charge du voyageur, devra être indiqué par un seul cadran, fixant par un chiffre unique la somme à payer par le voyageur, conformément aux dispositions du tarif *maximum* détaillé à l'article 4 ci-après.

Le cadran indicateur des sommes à payer devra d'ailleurs être placé d'une manière apparente pour le voyageur, et convenablement éclairé la nuit. Sa forme, ses dimensions et la place qu'il occupera dans les voitures seront déterminées par l'Administration.

Le cadran kilométrique du Compteur sera disposé de manière que l'aiguille soit ramenée à zéro au moment de la location de la voiture, et cela au moyen d'un mécanisme mis en mouvement par le cocher et indiquant par un signe extérieur très-apparent si la voiture est libre ou louée.

En dehors de cette manœuvre du cocher et de celle qui pourrait être nécessaire pour indiquer la marche au pas, telle qu'elle est réglée au 2e paragraphe du présent article, le Compteur devra marcher automatiquement et fournir toutes les indications énoncées en cet article, sans aucune intervention du cocher ni du voyageur.

Art. 4. — Les loueurs de voitures marchant au kilomètre seront tenus de se conformer au Tarif *maximum* ci-après, applicable à l'intérieur de Paris, aux bois de Boulogne et de Vincennes et aux communes contiguës aux fortifications.

NOMBRE DE KILOMÈTRES	TARIF DE JOUR — De 6 heures du matin à minuit 30 minutes du 1er avril au 30 septembre et de 7 heures du matin à minuit 30 minutes du 1er octobre au 31 mars		TARIF DE NUIT — De minuit 30 minutes à 6 heures du matin du 1er avril au 30 septembre et de minuit 30 minutes à 7 heures du matin du 1er octobre au 31 mars	
	VOITURES à 2 et 3 places (25 centimes par kilomètre)	VOITURES à 4 et 5 places (30 centimes par kilomètre)	VOITURES à 2 et 3 places (40 centimes par kilomètre)	VOITURES à 4 et 5 places (45 centimes par kilomètre)
	fr. c.	fr. c.	fr. c.	fr. c.
1	» 85	» 90	» 90	1 »
2	1 10	1 20	1 55	1 70
3	1 35	1 50	1 95	2 15
4	1 60	1 80	2 35	2 60
5	1 85	2 10	2 75	3 05
6	2 10	2 40	3 15	3 50
7	2 35	2 70	3 55	3 95
8	2 60	3 »	3 95	4 40
9	2 85	3 30	4 35	4 85
10	3 10	3 60	4 75	5 30
11	3 35	3 90	5 15	5 75
12	3 60	4 20	5 55	6 20
13	3 85	4 50	5 95	6 65
14	4 10	4 80	6 35	7 10
15	4 35	5 10	6 75	7 55
16	4 60	5 40	7 15	8 »
17	4 85	5 70	7 55	8 45
18	5 10	6 »	7 95	8 90
19	5 35	6 30	8 35	9 35
20	5 60	6 60	8 75	9 80
21	5 85	6 90	9 15	10 25
22	6 10	7 20	9 55	10 70
23	6 35	7 50	9 95	11 15
24	6 60	7 80	10 35	11 60

Indemnité de retour due par les voyageurs qui laissent la voiture dans les bois de Boulogne et de Vincennes, ou sur le territoire des communes contiguës aux fortifications : 2 francs pour les voitures de toute catégorie.

Communes contiguës aux fortifications : Charenton, les Prés-Saint-Gervais, Saint-Mandé, Montreuil, Bagnolet, Romainville, Pantin, Aubervilliers, Saint-Ouen, Saint-Denis, Clichy, Neuilly, Levallois-Perret, Boulogne, Issy, Vanves, Montrouge, Arcueil, Gentilly, Ivry et Vincennes.

Art. 5. Le Compteur sera mis en mouvement, et le prix de la location sera dû au cocher, conformément au Tarif, à partir du moment où la voiture sera prise, soit sur le lieu de stationnement, soit sur la voie publique.

Tout kilomètre commencé sera dû en entier.

Art. 6. Il sera dû au cocher qui se sera rendu au domicile d'un voyageur, et qui n'aura pas été employé, une indemnité représentée par le prix correspondant au nombre de kilomètres parcourus.

Cette indemnité ne pourra être inférieure au prix d'un kilomètre.

Art. 7. — Les cochers suivront l'itinéraire indiqué par le voyageur; dans le cas où cet itinéraire ne pourrait être suivi pour une cause quelconque, ils ne devront s'en écarter que pour éviter l'obstacle, et prendront la ligne la plus courte pour rentrer au plus tôt dans l'itinéraire prescrit. A défaut d'indication du voyageur, et sauf le cas précédent, les cochers se rendront à destination par la voie la plus courte.

Art. 8. — Tout cocher est tenu de marcher au trot, avec une vitesse *minima* de 8 kilomètres à l'heure, à moins d'ordres contraires du voyageur.

Art. 9. — Dans le cas où il surviendrait quelque dérangement dans le mécanisme du Compteur appliqué à une voiture, le prix de la location sera dû d'après le Tarif à l'heure et à la course actuellement en vigueur.

A cet effet, et jusqu'à ce qu'il en soit autrement ordonné, ce dernier Tarif devra rester affiché dans l'intérieur de chaque voiture marchant au kilomètre, à côté du nouveau Tarif kilométrique.

Art. 10. — Il n'est rien changé aux dispositions des arrêtés et règlements concernant les obligations et les devoirs des cochers, non plus qu'au Tarif qui règle le prix du travail à l'heure et à la course, pour toutes les voitures non pourvues de Compteurs.

Les cochers des voitures marchant au kilomètre resteront soumis aux mêmes arrêtés et règlements, en tout ce qui n'est pas contraire aux dispositions du présent arrêté.

Art. 11. — Le Directeur des Affaires municipales et le Directeur de la Voie publique et des promenades sont chargés, chacun en ce qui le concerne, de l'exécution du présent arrêté, qui sera publié et affiché par les soins de ce dernier, et dont ampliation sera adressée à M. le Préfet de Police.

G. E. HAUSSMANN.

Paris, 21 février 1868.

A Monsieur le Sénateur, Préfet de la Seine.

MONSIEUR LE PRÉFET,

Permettez-nous de vous faire part de la surprise douloureuse que nous avons éprouvée à la lecture de l'Ordonnance du 30 janvier, surprise d'autant plus pénible que nous avons encore présente à la mémoire la bienveillance de votre accueil dans l'audience dont vous nous honoriez le 25 mai dernier et la promesse de votre concours pour l'adoption d'un Compteur kilométrique.

Nous nous souvenons aussi que le 26 août dernier, ayant sous vos yeux les deux systèmes de Compteurs, vous nous autorisiez à présenter celui que nous patronnons et que vous le feriez estampiller, ce que nous n'avons pu obtenir.

Permettez-nous de vous rappeler, Monsieur le Préfet, que ce n'est qu'après une expérience très-approfondie de l'instrument et de ses résultats, que la Chambre syndicale des Entrepreneurs de Voitures a définitivement adopté et présenté le Compteur minimum, pour les raisons suivantes :

C'est le Compteur le plus simple, n'ayant qu'une seule manipulation et en dehors de toute intervention du cocher pendant la location de la voiture; il supprime toutes les contestations entre les cochers et le public; il est le plus équitable, car il établit une compensation pour le travail trop peu rétribué, attendu que l'on ne peut rendre un loueur responsable de toutes les difficultés que l'on rencontre dans Paris; car comment comprendre qu'on nous accorde un minimum de 8 kilomètres dans un temps de repos et qu'on nous les refuse dans un temps de marche au pas, souvent difficile, telles que les pentes rapides ou autres difficultés, alors que la voiture dépense beaucoup plus qu'étant au repos.

C'est enfin le seul pratique et celui avec lequel on peut arriver à modifier l'immoralité des cochers, but que nous serions heureux d'atteindre et que l'on veut nous empêcher.

C'est, du reste, sur le principe de notre instrument que fut voté le Tarif kilométrique, et ce n'est que sur la promesse formelle que nous fit la Commission de l'adopter, *que nous avons accepté les prix votés par le Conseil municipal;* car pour vous en donner une preuve en prenant le Compteur décrit par l'Ordonnance avec son Tarif, au lieu d'avoir un excédant de recettes pour les bois de Boulogne et de Vincennes, comme aujourd'hui, la plupart du temps les voitures ne recevraient que 1 fr. à 1 fr. 50 c. l'heure, parce qu'elles n'auraient pu effectuer un parcours de plus de 4 à 6 kilomètres à cause des difficultés de marche.

De là l'impossibilité d'accepter cet instrument qui fera renaître toutes les contestations dont on se plaint à bon droit dans le service des voitures.

Nous étions heureux, Monsieur le Préfet, d'avoir atteint, par l'application de notre Compteur minimum, un système rationnel qui ne laissait rien à désirer pour les intérêts du public et pour ceux des Entrepreneurs, si gravement compromis.

Mais il n'en est pas ainsi, notre système est repoussé, grâce à l'influence pernicieuse de la direction de la Compagnie des Voitures, qui a causé à l'autorité tant d'embarras et dont l'introduction dans notre industrie a été pour elle une cause incessante de tribulations et de ruine.

Nous en avons la preuve dans les arguments aussi faux que spécieux qu'elle nous avait donnés et dont nous avons retrouvé les termes exacts dans les fins de non-recevoir que nous subissons.

C'est d'abord l'*Enrossement de Paris*, argument de M. Ducoux.

Nous répondons que c'est le contraire qui est vrai, puisque avec notre Compteur on n'obtient de plus-value que quand la vitesse de la voiture excède 8 kilomètres à l'heure; vitesse qui est atteinte par *le plus petit trot* d'un cheval, et qu'alors les loueurs auront intérêt à avoir de bons chevaux pour obtenir cette plus-value.

C'est ce qui amènera la rénovation de notre industrie dont le matériel, et surtout les chevaux, ne sont plus en rapport aujourd'hui avec les embellissements et les améliorations que vous avez accomplis dans la capitale.

Quant à la seconde objection de la Compagnie, que nous serons payés de 8 kilomètres à l'heure alors que nous ne les aurons pas parcourus et *que nous débiterons de la marchandise à faux poids*, nous pensons que c'est un jugement bien aventuré par rapport à sa position, car personne ne peut admettre que nous supportions tous les empêchements de marche qui se produisent dans Paris, et nous ajouterons que le carton placé dans l'intérieur du Compteur sera un contrôle d'une exactitude mathématique qui constatera toujours les cas de réclamations en indiquant si la vitesse n'a pas atteint le minimum.

Nous devons aussi vous prévenir, Monsieur le Sénateur Préfet, que nous avions fait présenter un Compteur et un Tarif kilométriques au minimum de 6 kilomètres à l'heure; ce Compteur n'a pas été étudié, malgré tous les excellents résultats qu'il aurait donnés, nous en sommes certains, et contre lequel aucune objection n'était plus possible.

L'Ordonnance du 30 janvier nous confirmant que le système défendu par la Compagnie a prévalu, nous venons, malgré cela, faire appel à votre impartialité et vous prier, au nom de la Chambre syndicale des Entreprenenrs de Voitures et au nom des Loueurs de Paris (la Compagnie exceptée) d'ordonner qu'on appose l'estampille à notre Compteur; car le public qui, avant tout, demande un bon service en le payant raisonnablement, sera toujours le meilleur juge de ses intérêts et saura bien donner la préférence au système de notre adversaire ou au nôtre et adopter celui qui lui donnera le plus de satisfaction.

Tout en vous priant, M. le Sénateur Préfet, de ne voir dans nos réclamations que le plus profond respect pour votre personne comme pour votre autorité, nous ne pouvons vous taire les sentiments de désespoir que produirait en nous un déni de justice, qui forcerait une industrie tout entière, composée de plus de douze cents loueurs, à adresser à Sa Majesté l'Empereur une pétition pour obtenir la justice qui nous aurait été refusée.

Nous espérons encore M. le Préfet, pouvoir éviter une démarche qui ne nous serait suscitée que par la ruine complète à laquelle nous nous voyons exposés.

Il n'y a pas d'exemple d'une industrie aussi malheureuse que la nôtre, qui ait tant et de si graves motifs de plaintes, soumise à tant d'arbitraire, ayant dans son sein son plus mortel ennemi dont les réclamations soient plus légitimes, plus fondées et qui ait été si peu écoutée.

Nous avons trop de confiance en votre haute sagesse, Monsieur le Préfet, pour croire qu'un pareil état de choses doive se perpétuer, et nous sommes persuadés que vous y mettrez un terme définitif.

Vous comprendrez, sans doute, Monsieur le Préfet, combien il nous tarde d'avoir une prompte réponse, et nous serions heureux si vous pouviez nous accorder une audience dans laquelle nous pourrions vous édifier davantage sur nos bien légitimes griefs.

Veuillez, Monsieur le Sénateur Préfet, agréer les hommages bien sincères et bien respectueux des Entrepreneurs de Voitures de Paris, dont nous sommes les mandataires.

POUR LA CHAMBRE SYNDICALE DES ENTREPRENEURS DE VOITURES,

Le Président,
CEZARD.

Les Vice-Présidents,
LEMONNIER et PAUL.

Le Secrétaire,
HAGUET.

Paris, 5 mars 1868.

A Monsieur le Sénateur Préfet de la Seine

MONSIEUR LE SÉNATEUR PRÉFET,

Les membres du Bureau de la Chambre syndicale des Entrepreneurs de Voitures de Paris, accusés de tiédeur par leurs mandataires, dont l'impatience se comprend d'autant mieux que chaque jour de retard à la réponse de la supplique qu'ils ont eu l'honneur de vous adresser le 21 février dernier, ne fait que compliquer de plus en plus une situation qui ne peut se continuer sans de graves périls pour une industrie tout entière,

Viennent vous prier, Monsieur le Préfet, de vouloir bien vous faire représenter cette supplique et d'y arrêter votre attention comme contenant des explications pouvant éclairer votre jugement sur nos réclamations au sujet de votre arrêté en date du 30 janvier dernier, qui ne nous paraît pas conforme à l'esprit des délibérations du Conseil municipal, notamment de celle du 19 juillet dernier où il est dit « que le Compteur indiquera d'une manière certaine par son mécanisme intérieur et *sans aucune intervention du cocher*, etc., » et de celle du 3 janvier où il s'affirme plus clairement encore, quand il dit à l'article 3 : « *Le temps écoulé durant le stationnement ou la marche au pas*, dans les conditions déterminées à cet égard par les règlements administratifs, *sera évalué en kilomètres, à raison de 8 au plus par heure*. »

Ensuite, Monsieur le Préfet, dans l'arrêté du 30 janvier, il est dit « que le cocher ne devra marcher au pas, c'est-à-dire à raison de 8 kilomètres à l'heure, que sur l'*ordre* du voyageur », ce que ce dernier ne fera que dans des cas très-exceptionnels; et alors comment le concilier avec l'ordonnance de police du 24 décembre 1857 qui dit, article 42 : « Les cochers devront aller au pas dans les marchés, dans les rues étroites, où deux voitures seulement peuvent passer de front, au passage des barrières, au détour des rues, sous les guichets du Louvre et des Tuileries, à la descente des ponts et sur tous les points de la voie publique où il existe soit une pente rapide, *soit des obstacles à la circulation*. »

Nous ne pouvons donc croire, Monsieur le Préfet, que votre intention ait été de nous faire supporter toutes les conséquences de ces difficultés et de toutes celles qui se présentent dans Paris, et nous nous permettrons d'en appeler respectueusement de la décision du Préfet au Préfet mieux informé; car, si votre décision était maintenue, elle aurait pour résultat de retarder pour des années encore l'application, dans des conditions pratiques et rationnelles, du Compteur kilométrique.

Pour éviter qu'il en soit ainsi, et bien que les tarifs votés ne soient pas pour nous sans inquiétude à cause de leur bon marché, surtout si nous les comparons à ceux de Londres où le loueur est assuré d'un minimum à l'heure de 4 milles ou 6 kil. 436 m. ne produisant jamais moins de 2 fr. 50.

Nous rappelant encore l'impression que parut produire sur

vous le prix de 85 c. pour le premier kilomètre, fraction que vous ne pouviez comprendre;

La Chambre syndicale, après mûres réflexions, et *pour obtenir l'estampille du Compteur* qu'elle vous a présenté, vient vous proposer d'abaisser le premier kilomètre à 75 c. et tous les kilomètres suivants à 25 c.

Espérant, Monsieur le Préfet, que cette dernière proposition vous paraîtra équitable et que vous voudrez bien l'accueillir,

Nous vous prions de croire aux sentiments bien respectueux de vos très-humbles serviteurs.

Le Président,

CEZARD,

Les Vice-Présidents,

PAUL et LEMONNIER.

Le Secrétaire,

HAGUET.

PRÉFECTURE DU DÉPARTEMENT DE LA SEINE.

Paris. 13 Mars 1868.

MONSIEUR,

Par une lettre parvenue à mon Administration le 22 février dernier, vous me présentez diverses observations au sujet de l'arrêté du 30 janvier dernier relatif aux Compteur et Tarif kilométriques. Vous lui reprochez de ne pas assez rétribuer les loueurs de voitures, de les rendre responsables de toutes les difficultés de marche que l'on rencontre dans Paris, difficultés résultant de la déclivité du sol, de l'encombrement ou de l'état de viabilité de la voie publique, et vous me demandez de vouloir bien faire estampiller votre Compteur.

Le Tarif par lequel vous vous prétendez lésé a paru à la Commission municipale suffisamment rémunératoire, et contrairement à votre assertion, il a été accepté comme tel, non-seulement par la Compagnie Impériale, mais par quantité d'autres loueurs (1).

En ce qui touche la vitesse minima de 8 kilomètres à l'heure, on a cru devoir la rendre obligatoire en toutes circonstances, car, si les dif-

(1) Le Compteur a été accepté par la Compagnie, nous le reconnaissons. . . . . mais s'il avait été accepté par quantité d'autres loueurs, nous demanderons seulement comment expliquer que, l'ordonnance étant du 30 janvier 1868 et qu'aujourd'hui 15 septembre, il n'y en ait pas encore un seul en circulation?

ficultés de marche dont vous parlez se présentent quelquefois, il est juste de dire que le loueur profitera en compensation des pentes où il pourra accélérer la vitesse de son cheval (1), et qu'en tout cas, il lui sera facile, malgré les difficultés qui ne sont que momentanées, de fournir la vitesse requise par heure et qui a été fixée comme représentant une moyenne de distance à parcourir en tenant compte des pentes, contre-pentes et autres difficultés de circulation. Enfin l'Administration ne refuse pas d'estampiller votre Compteur, mais il convient pour cela qu'il remplisse les conditions exigées par l'arrêté du 30 janvier.

Pour ces raisons, je ne puis donner satisfaction à vos réclamations.

Recevez, Monsieur, etc.

Signé: HAUSSMANN.

A M. Cézard, Président de la Chambre syndicale des Entrepreneurs de voitures de Paris.

N. B. — *On remarquera que cette lettre ne répond pas à nos objections contenues dans les précédentes.*

(1) Le rédacteur ignore qu'en descendant les pentes, il est plus urgent d'aller au pas pour la sécurité des voyageurs, qu'en les gravissant.

TARIF DES VOITURES DE LONDRES

TARIF POUR LES DISTANCES

Dans un rayon de 4 milles de Charring-Cross.

Lorsque la voiture stationne sur place, pour une distance n'excédant pas un mille. 1 f. 25 c.

Quand le nombre de voyageurs dépasse trois personnes, six pence en plus par personne. . . . . » 63

Et pour une distance excédant un mille, pour tout mille ou partie de mille non complété, à raison de. . . . . » 63

Quand le nombre de voyageurs dépasse deux personnes, six pence par personne en plus pour le total de la location. . . . . » 63

Lorsque la voiture ne stationne pas sur la place, pour chaque mille ou partie de mille non complété, à raison de. . . . . » 63

Quand le nombre de voyageurs dépasse 2 personnes, six pence par personne en plus pour le total de la location . . . . » 63

Si l'on quitte les voyageurs au delà d'un rayon de 4 milles de Charring-Cross, pour tout mille ou partie de mille au delà de cette distance 1 25

Si l'on arrête par la volonté du voyageur, pour chaque quart d'heure. . . . . . . » 63

2 enfants au-dessous de 10 ans comptent pour une personne adulte.

PRIX PAR TEMPS.

Première heure ou partie de cette heure. 2 50

Pour tout quart d'heure ou moins au-dessus d'une heure. . . . . » 63

Pour toute personne au-dessus de deux pour le total de la location. . . . . » 63

2 Enfants au dessous de 10 ans sont comptés pour une personne adulte.

Si le cocher est requis de conduire davantage que 4 milles à l'heure, pour tout mille au-dessus de quatre mille à l'heure . . » 63

PAIEMENT DES BAGAGES.

Quand il y a plus de 2 personnes dans la voiture, on paie un supplément de 0,205 par colis placé en dehors de la voiture en addition des tarifs.

Le mille anglais équivaut à 1,609 mètres, ce qui met le prix du kilomètre à. . . . » 39

Ainsi, à Paris, le prix d'un kilomètre est de 25 cent., tandis qu'il est à Londres de 40 cent.; de plus, on garantit aux loueurs de Londres un minimum de prix de 2 fr. 50 cent. par heure, avec l'obligation de parcourir seulement 4 milles ou 6 kil. 1/2, et on nous refuse à Paris un minimum de 2 fr. par heure, avec l'obligation de parcourir 8 kil.

Nous ajouterons qu'à Londres, à partir d'une zone de 4 milles ou 6 kil. 1/2 de Charring-Cross, les prix sont doublés, c'est-à-dire à 80 cent. le kilomètre; tandis qu'à Paris et les communes environnantes, y compris Saint-Denis, la ville et le bois de Vincennes, la ville et le bois de Boulogne, etc., le prix du kilomètre est toujours de 25 cent. Cette comparaison dispense de toute autre réflexion.

9986. — Paris. — Imprimerie Poitevin, rue Damiette, 2 et 4.

www.ingramcontent.com/pod-product-compliance
Ingram Content Group UK Ltd.
Pitfield, Milton Keynes, MK11 3LW, UK
UKHW021134230726
13926UKWH00002B/784

9 782014 098266